Rechentafeln

für höhere Lehranstalten

insbesondere zu

Mehlers Hauptsätzen der Elementar-Mathematik

Bearbeitet von

Oberstudiendirektor i. R. A. Schulte-Tigges

2. Auflage

Berlin und Leipzig 1929

Walter de Gruyter & Co.

vormals G. J. Göschen'sche Verlagshandlung - J. Guttentag, Verlagsbuchhandlung
Georg Reimer - Karl J. Trübner - Veit & Comp.

Interpolationstafel

D	1	2	3	4	5	6	7	8	9
1	0,1	0,2	0,3	0,4	0,5	0,6	0,7	0,8	0,9
2	0,2	0,4	0,6	0,8	1,0	1,2	1,4	1,6	1,8
3	0,3	0,6	0,9	1,2	1,5	1,8	2,1	2,4	2,7
4	0,4	0,8	1,2	1,6	2,0	2,4	2,8	3,2	3,6
5	0,5	1,0	1,5	2,0	2,5	3,0	3,5	4,0	4,5
6	0,6	1,2	1,8	2,4	3,0	3,6	4,2	4,8	5,4
7	0,7	1,4	2,1	2,8	3,5	4,2	4,9	5,6	6,3
8	0,8	1,6	2,4	3,2	4,0	4,8	5,6	6,4	7,2
9	0,9	1,8	2,7	3,6	4,5	5,4	6,3	7,2	8,1
10	1,0	2,0	3,0	4,0	5,0	6,0	7,0	8,0	9,0
11	1,1	2,2	3,3	4,4	5,5	6,6	7,7	8,8	9,9
12	1,2	2,4	3,6	4,8	6,0	7,2	8,4	9,6	10,8
13	1,3	2,6	3,9	5,2	6,5	7,8	9,1	10,4	11,7
14	1,4	2,8	4,2	5,6	7,0	8,4	9,8	11,2	12,6
15	1,5	3,0	4,5	6,0	7,5	9,0	10,5	12,0	13,5
16	1,6	3,2	4,8	6,4	8,0	9,6	11,2	12,8	14,4
17	1,7	3,4	5,1	6,8	8,5	10,2	11,9	13,6	15,3
18	1,8	3,6	5,4	7,2	9,0	10,8	12,6	14,4	16,2
19	1,9	3,8	5,7	7,6	9,5	11,4	13,3	15,2	17,1
20	2,0	4,0	6,0	8,0	10,0	12,0	14,0	16,0	18,0
21	2,1	4,2	6,3	8,4	10,5	12,6	14,7	16,8	18,9
22	2,2	4,4	6,6	8,8	11,0	13,2	15,4	17,6	19,8
23	2,3	4,6	6,9	9,2	11,5	13,8	16,1	18,4	20,7
24	2,4	4,8	7,2	9,6	12,0	14,4	16,8	19,2	21,6
25	2,5	5,0	7,5	10,0	12,5	15,0	17,5	20,0	22,5
26	2,6	5,2	7,8	10,4	13,0	15,6	18,2	20,8	23,4
27	2,7	5,4	8,1	10,8	13,5	16,2	18,9	21,6	24,3
28	2,8	5,6	8,4	11,2	14,0	16,8	19,6	22,4	25,2
29	2,9	5,8	8,7	11,6	14,5	17,4	20,3	23,2	26,1
30	3,0	6,0	9,0	12,0	15,0	18,0	21,0	24,0	27,0
31	3,1	6,2	9,3	12,4	15,5	18,6	21,7	24,8	27,9
32	3,2	6,4	9,6	12,8	16,0	19,2	22,4	25,6	28,8
33	3,3	6,6	9,9	13,2	16,5	19,8	23,1	26,4	29,7
34	3,4	6,8	10,2	13,6	17,0	20,4	23,8	27,2	30,6
35	3,5	7,0	10,5	14,0	17,5	21,0	24,5	28,0	31,5
36	3,6	7,2	10,8	14,4	18,0	21,6	25,2	28,8	32,4
37	3,7	7,4	11,1	14,8	18,5	22,2	25,9	29,6	33,3
38	3,8	7,6	11,4	15,2	19,0	22,8	26,6	30,4	34,2
39	3,9	7,8	11,7	15,6	19,5	23,4	27,3	31,2	35,1
40	4,0	8,0	12,0	16,0	20,0	24,0	28,0	32,0	36,0
41	4,1	8,2	12,3	16,4	20,5	24,6	28,7	32,8	36,9
42	4,2	8,4	12,6	16,8	21,0	25,2	29,4	33,6	37,8
43	4,3	8,6	12,9	17,2	21,5	25,8	30,1	34,4	38,7
44	4,4	8,8	13,2	17,6	22,0	26,4	30,8	35,2	39,6
45	4,5	9,0	13,5	18,0	22,5	27,0	31,5	36,0	40,5
46	4,6	9,2	13,8	18,4	23,0	27,6	32,2	36,8	41,4
47	4,7	9,4	14,1	18,8	23,5	28,2	32,9	37,6	42,3
48	4,8	9,6	14,4	19,2	24,0	28,8	33,6	38,4	43,2
49	4,9	9,8	14,7	19,6	24,5	29,4	34,3	39,2	44,1
50	5,0	10,0	15,0	20,0	25,0	30,0	35,0	40,0	45,0

D	1	2
51	5,1	10
52	5,2	10
53	5,3	10
54	5,4	10
55	5,5	11
56	5,6	11
57	5,7	11
58	5,8	11
59	5,9	11
60	6,0	12
61	6,1	12
62	6,2	12
63	6,3	12
64	6,4	12
65	6,5	13
66	6,6	13
67	6,7	13
68	6,8	13
69	6,9	13
70	7,0	14
71	7,1	14
72	7,2	14
73	7,3	14
74	7,4	14
75	7,5	15
76	7,6	15
77	7,7	15
78	7,8	15
79	7,9	15
80	8,0	16
81	8,1	16
82	8,2	16
83	8,3	16
84	8,4	16
85	8,5	1
86	8,6	1
87	8,7	1
88	8,8	1
89	8,9	1
90	9,0	1
91	9,1	1
92	9,2	1
93	9,3	1
94	9,4	1
95	9,5	1
96	9,6	1
97	9,7	1
98	9,8	1
99	9,9	1
100	10,0	[illegible]

erpolationstafel

4	5	6	7	8	9
20,4	25,5	30,6	35,7	40,8	45,9
20,8	26,0	31,2	36,4	41,6	46,8
21,2	26,5	31,8	37,1	42,4	47,7
21,6	27,0	32,4	37,8	43,2	48,6
22,0	27,5	33,0	38,5	44,0	49,5
22,4	28,0	33,6	39,2	44,8	50,4
22,8	28,5	34,2	39,9	45,6	51,3
23,2	29,0	34,8	40,6	46,4	52,2
23,6	29,5	35,4	41,3	47,2	53,1
24,0	30,0	36,0	42,0	48,0	54,0
24,4	30,5	36,6	42,7	48,8	54,9
24,8	31,0	37,2	43,4	49,6	55,8
25,2	31,5	37,8	44,1	50,4	56,7
25,6	32,0	38,4	44,8	51,2	57,6
26,0	32,5	39,0	45,5	52,0	58,5
26,4	33,0	39,6	46,2	52,8	59,4
26,8	33,5	40,2	46,9	53,6	60,3
27,2	34,0	40,8	47,6	54,4	61,2
27,6	34,5	41,4	48,3	55,2	62,1
28,0	35,0	42,0	49,0	56,0	63,0
28,4	35,5	42,6	49,7	56,8	63,9
28,8	36,0	43,2	50,4	57,6	64,8
29,2	36,5	43,8	51,1	58,4	65,7
29,6	37,0	44,4	51,8	59,2	66,6
30,0	37,5	45,0	52,5	60,0	67,5
30,4	38,0	45,6	53,2	60,8	68,4
30,8	38,5	46,2	53,9	61,6	69,3
31,2	39,0	46,8	54,6	62,4	70,2
31,6	39,5	47,4	55,3	63,2	71,1
32,0	40,0	48,0	56,0	64,0	72,0
32,4	40,5	48,6	56,7	64,8	72,9
32,8	41,0	49,2	57,4	65,6	73,8
33,2	41,5	49,8	58,1	66,4	74,7
33,6	42,0	50,4	58,8	67,2	75,6
34,0	42,5	51,0	59,5	68,0	76,5
34,4	43,0	51,6	60,2	68,8	77,4
34,8	43,5	52,2	60,9	69,6	78,3
35,2	44,0	52,8	61,6	70,4	79,2
35,6	44,5	53,4	62,3	71,2	80,1
36,0	45,0	54,0	63,0	72,0	81,0
36,4	45,5	54,6	63,7	72,8	81,9
36,8	46,0	55,2	64,4	73,6	82,8
37,2	46,5	55,8	65,1	74,4	83,7
37,6	47,0	56,4	65,8	75,2	84,6
38,0	47,5	57,0	66,5	76,0	85,5
38,4	48,0	57,6	67,2	76,8	86,4
38,8	48,5	58,2	67,9	77,6	87,3
39,2	49,0	58,8	68,6	78,4	88,2
39,6	49,5	59,4	69,3	79,2	89,1
40,0	50,0	60,0	70,0	80,0	90,0

Erklärung

In der ersten Spalte links stehen die Tafeldifferenzen D, rechts daneben die Rechendifferenzen. Die Zahlen 1—9 in der ersten Zeile über den Rechendifferenzen bedeuten bei den Logarithmen einfacher Zahlen die vierte Ziffer des Numerus, bei den trigonometrischen Funktionen und ihren Logarithmen dagegen Minuten.

Die nebenstehenden Interpolationstafeln gelten für die folgenden Tafeln auf S. 2—7 und 10—13.

Quadrat- und Kubikzahlen und -wurzeln.

n	n^2	n^3	$\sqrt{n}$	$\sqrt[3]{n}$	n	n^2	n^3	$\sqrt{n}$	$\sqrt[3]{n}$
0	0	0	0,0000	0,0000	50	2500	125000	7,0711	3,6840
1	1	1	1,0000	1,0000	51	2601	132651	7,1414	3,7084
2	4	8	1,4142	1,2599	52	2704	140608	7,2111	3,7325
3	9	27	1,7321	1,4422	53	2809	148877	7,2801	3,7563
4	16	64	2,0000	1,5874	54	2916	157464	7,3485	3,7798
5	25	125	2,2361	1,7100	55	3025	166375	7,4162	3,8030
6	36	216	2,4495	1,8171	56	3136	175616	7,4833	3,8259
7	49	343	2,6458	1,9129	57	3249	185193	7,5498	3,8485
8	64	512	2,8284	2,0000	58	3364	195112	7,6158	3,8709
9	81	729	3,0000	2,0801	59	3481	205379	7,6811	3,8930
10	100	1000	3,1623	2,1544	60	3600	216000	7,7460	3,9149
11	121	1331	3,3166	2,2240	61	3721	226981	7,8102	3,9365
12	144	1728	3,4641	2,2894	62	3844	238328	7,8740	3,9579
13	169	2197	3,6056	2,3513	63	3969	250047	7,9373	3,9791
14	196	2744	3,7417	2,4101	64	4096	262144	8,0000	4,0000
15	225	3375	3,8730	2,4662	65	4225	274625	8,0623	4,0207
16	256	4096	4,0000	2,5198	66	4356	287496	8,1240	4,0412
17	289	4913	4,1231	2,5713	67	4489	300763	8,1854	4,0615
18	324	5832	4,2426	2,6207	68	4624	314432	8,2462	4,0817
19	361	6859	4,3589	2,6684	69	4761	328509	8,3066	4,1016
20	400	8000	4,4721	2,7144	70	4900	343000	8,3666	4,1213
21	441	9261	4,5826	2,7589	71	5041	357911	8,4261	4,1408
22	484	10648	4,6904	2,8020	72	5184	373248	8,4853	4,1602
23	529	12167	4,7958	2,8439	73	5329	389017	8,5440	4,1793
24	576	13824	4,8990	2,8845	74	5476	405224	8,6023	4,1983
25	625	15625	5,0000	2,9240	75	5625	421875	8,6603	4,2172
26	676	17576	5,0990	2,9625	76	5776	438976	8,7178	4,2358
27	729	19683	5,1962	3,0000	77	5929	456533	8,7750	4,2543
28	784	21952	5,2915	3,0366	78	6084	474552	8,8318	4,2727
29	841	24389	5,3852	3,0723	79	6241	493039	8,8882	4,2908
30	900	27000	5,4772	3,1072	80	6400	512000	8,9443	4,3089
31	961	29791	5,5678	3,1414	81	6561	531441	9,0000	4,3267
32	1024	32768	5,6569	3,1748	82	6724	551368	9,0554	4,3445
33	1089	35937	5,7446	3,2075	83	6889	571787	9,1104	4,3621
34	1156	39304	5,8310	3,2396	84	7056	592704	9,1652	4,3795
35	1225	42875	5,9161	3,2711	85	7225	614125	9,2195	4,3968
36	1296	46656	6,0000	3,3019	86	7396	636056	9,2736	4,4140
37	1369	50653	6,0828	3,3322	87	7569	658503	9,3274	4,4310
38	1444	54872	6,1644	3,3620	88	7744	681472	9,3808	4,4480
39	1521	59319	6,2450	3,3912	89	7921	704969	9,4340	4,4647
40	1600	64000	6,3246	3,4200	90	8100	729000	9,4868	4,4814
41	1681	68921	6,4031	3,4482	91	8281	753571	9,5394	4,4979
42	1764	74088	6,4807	3,4760	92	8464	778688	9,5917	4,5144
43	1849	79507	6,5574	3,5034	93	8649	804357	9,6437	4,5307
44	1936	85184	6,6332	3,5303	94	8836	830584	9,6954	4,5468
45	2025	91125	6,7082	3,5569	95	9025	857375	9,7468	4,5629
46	2116	97336	6,7823	3,5830	96	9216	884736	9,7980	4,5789
47	2209	103823	6,8557	3,6088	97	9409	912673	9,8489	4,5947
48	2304	110592	6,9282	3,6342	98	9604	941192	9,8995	4,6104
49	2401	117649	7,0000	3,6593	99	9801	970299	9,9499	4,6261

Briggische Logarithmen der Zahlen.

N	0	1	2	3	4	5	6	7	8	9
10	0000	0043	0086	0128	0170	0212	0253	0294	0334	0374
11	0414	0453	0492	0531	0569	0607	0645	0682	0719	0755
12	0792	0828	0864	0899	0934	0969	1004	1038	1072	1106
13	1139	1173	1206	1239	1271	1303	1335	1367	1399	1430
14	1461	1492	1523	1553	1584	1614	1644	1673	1703	1732
15	1761	1790	1818	1847	1875	1903	1931	1959	1987	2014
16	2041	2068	2095	2122	2148	2175	2201	2227	2253	2279
17	2304	2330	2355	2380	2405	2430	2455	2480	2504	2529
18	2553	2577	2601	2625	2648	2672	2695	2718	2742	2765
19	2788	2810	2833	2856	2878	2900	2923	2945	2967	2989
20	3010	3032	3054	3075	3096	3118	3139	3160	3181	3201
21	3222	3243	3263	3284	3304	3324	3345	3365	3385	3404
22	3424	3444	3464	3483	3502	3522	3541	3560	3579	3598
23	3617	3636	3655	3674	3692	3711	3729	3747	3766	3784
24	3802	3820	3838	3856	3874	3892	3909	3927	3945	3962
25	3979	3997	4014	4031	4048	4065	4082	4099	4116	4133
26	4150	4166	4183	4200	4216	4232	4249	4265	4281	4298
27	4314	4330	4346	4362	4378	4393	4409	4425	4440	4456
28	4472	4487	4502	4518	4533	4548	4564	4579	4594	4609
29	4624	4639	4654	4669	4683	4698	4713	4728	4742	4757
30	4771	4786	4800	4814	4829	4843	4857	4871	4886	4900
31	4914	4928	4942	4955	4969	4983	4997	5011	5024	5038
32	5051	5065	5079	5092	5105	5119	5132	5145	5159	5172
33	5185	5198	5211	5224	5237	5250	5263	5276	5289	5302
34	5315	5328	5340	5353	5366	5378	5391	5403	5416	5428
35	5441	5453	5465	5478	5490	5502	5514	5527	5539	5551
36	5563	5575	5587	5599	5611	5623	5635	5647	5658	5670
37	5682	5694	5705	5717	5729	5740	5752	5763	5775	5786
38	5798	5809	5821	5832	5843	5855	5866	5877	5888	5899
39	5911	5922	5933	5944	5955	5966	5977	5988	5999	6010
40	6021	6031	6042	6053	6064	6075	6085	6096	6107	6117
41	6128	6138	6149	6160	6170	6180	6191	6201	6212	6222
42	6232	6243	6253	6263	6274	6284	6294	6304	6314	6325
43	6335	6345	6355	6365	6375	6385	6395	6405	6415	6425
44	6435	6444	6454	6464	6474	6484	6493	6503	6513	6522
45	6532	6542	6551	6561	6571	6580	6590	6599	6609	6618
46	6628	6637	6646	6656	6665	6675	6684	6693	6702	6712
47	6721	6730	6739	6749	6758	6767	6776	6785	6794	6803
48	6812	6821	6830	6839	6848	6857	6866	6875	6884	6893
49	6902	6911	6920	6928	6937	6946	6955	6964	6972	6981
50	6990	6998	7007	7016	7024	7033	7042	7050	7059	7067
51	7076	7084	7093	7101	7110	7118	7126	7135	7143	7152
52	7160	7168	7177	7185	7193	7202	7210	7218	7226	7235
53	7243	7251	7259	7267	7275	7284	7292	7300	7308	7316
54	7324	7332	7340	7348	7356	7364	7372	7380	7388	7396
55	7404	7412	7419	7427	7435	7443	7451	7459	7466	7474
56	7482	7490	7497	7505	7513	7520	7528	7536	7543	7551
57	7559	7566	7574	7582	7589	7597	7604	7612	7619	7627
58	7634	7642	7649	7657	7664	7672	7679	7686	7694	7701
59	7709	7716	7723	7731	7738	7745	7752	7760	7767	7774

$\log \pi = 0{,}4971$, genauer $0{,}49715$.

Briggische Logarithmen der Zahlen.

N	0	1	2	3	4	5	6	7	8	9
60	7782	7789	7796	7803	7810	7818	7825	7832	7839	7846
61	7853	7860	7868	7875	7882	7889	7896	7903	7910	7917
62	7924	7931	7938	7945	7952	7959	7966	7973	7980	7987
63	7993	8000	8007	8014	8021	8028	8035	8041	8048	8055
64	8062	8069	8075	8082	8089	8096	8102	8109	8116	8122
65	8129	8136	8142	8149	8156	8162	8169	8176	8182	8189
66	8195	8202	8209	8215	8222	8228	8235	8241	8248	8254
67	8261	8267	8274	8280	8287	8293	8299	8306	8312	8319
68	8325	8331	8338	8344	8351	8357	8363	8370	8376	8382
69	8388	8395	8401	8407	8414	8420	8426	8432	8439	8445
70	8451	8457	8463	8470	8476	8482	8488	8494	8500	8506
71	8513	8519	8525	8531	8537	8543	8549	8555	8561	8567
72	8573	8579	8585	8591	8597	8603	8609	8615	8621	8627
73	8633	8639	8645	8651	8657	8663	8669	8675	8681	8686
74	8692	8698	8704	8710	8716	8722	8727	8733	8739	8745
75	8751	8756	8762	8768	8774	8779	8785	8791	8797	8802
76	8808	8814	8820	8825	8831	8837	8842	8848	8854	8859
77	8865	8871	8876	8882	8887	8893	8899	8904	8910	8915
78	8921	8927	8932	8938	8943	8949	8954	8960	8965	8971
79	8976	8982	8987	8993	8998	9004	9009	9015	9020	9025
80	9031	9036	9042	9047	9053	9058	9063	9069	9074	9079
81	9085	9090	9096	9101	9106	9112	9117	9122	9128	9133
82	9138	9143	9149	9154	9159	9165	9170	9175	9180	9186
83	9191	9196	9201	9206	9212	9217	9222	9227	9232	9238
84	9243	9248	9253	9258	9263	9269	9274	9279	9284	9289
85	9294	9299	9304	9309	9315	9320	9325	9330	9335	9340
86	9345	9350	9355	9360	9365	9370	9375	9380	9385	9390
87	9395	9400	9405	9410	9415	9420	9425	9430	9435	9440
88	9445	9450	9455	9460	9465	9469	9474	9479	9484	9489
89	9494	9499	9504	9509	9513	9518	9523	9528	9533	9538
90	9542	9547	9552	9557	9562	9566	9571	9576	9581	9586
91	9590	9595	9600	9605	9609	9614	9619	9624	9628	9633
92	9638	9643	9647	9652	9657	9661	9666	9671	9675	9680
93	9685	9689	9694	9699	9703	9708	9713	9717	9722	9727
94	9731	9736	9741	9745	9750	9754	9759	9763	9768	9773
95	9777	9782	9786	9791	9795	9800	9805	9809	9814	9818
96	9823	9827	9832	9836	9841	9845	9850	9854	9859	9863
97	9868	9872	9877	9881	9886	9890	9894	9899	9903	9908
98	9912	9917	9921	9926	9930	9934	9939	9943	9948	9952
99	9956	9961	9965	9969	9974	9978	9983	9987	9991	9996
100	000000	000434	000868	001301	001734	002166	002598	003029	003461	003891
101	004321	004751	005181	005609	006038	006466	006894	007321	007748	008174
102	008600	009026	009451	009876	010300	010724	011147	011570	011993	012415
103	012837	013259	013680	014100	014521	014940	015360	015779	016197	016616
104	017033	017451	017868	018284	018700	019116	019532	019947	020361	020775
105	021189	021603	022016	022428	022841	023252	023664	024075	024486	024896
106	025306	025715	026125	026533	026942	027350	027757	028164	028571	028978
107	029384	029789	030195	030600	031004	031408	031812	032216	032619	033021
108	033424	033826	034227	034628	035029	035430	035830	036230	036629	037028
109	037426	037825	038223	038620	039017	039414	039811	040207	040602	040998
110	041393									

Logarithmen der Sinus und Kosinus

Log. Sin. Bei sämtlichen Logarithmen ist —10 zu ergänzen.

Grad	0′	10′	20′	30′	40′	50′	60′	
0	— ∞	7,4637	7,7648	7,9408	8,0658	8,1627	8,2419	89
1	8,2419	8,3088	8,3668	8,4179	8,4637	8,5050	8,5428	88
2	5428	5776	6097	6397	6677	6940	7188	87
3	7188	7423	7645	7857	8059	8251	8436	86
4	8,8436	8,8613	8,8783	8,8946	8,9104	8,9256	8,9403	85
5	8,9403	8,9545	8,9682	8,9816	8,9945	9,0070	9,0192	84
6	9,0192	9,0311	9,0426	9,0539	9,0648	9,0755	9,0859	83
7	0859	0961	1060	1157	1252	1345	1436	82
8	1436	1525	1612	1697	1781	1863	1943	81
9	1943	2022	2100	2176	2251	2324	2397	80
10	9,2397	9,2468	9,2538	9,2606	9,2674	9,2740	9,2806	79
11	2806	2870	2934	2997	3058	3119	3179	78
12	3179	3238	3296	3353	3410	3466	3521	77
13	3521	3575	3629	3682	3734	3786	3837	76
14	3837	3887	3937	3986	4035	4083	4130	75
15	9,4130	9,4177	9,4223	9,4269	9,4314	9,4359	9,4403	74
16	4403	4447	4491	4533	4576	4618	4659	73
17	4659	4700	4741	4781	4821	4861	4900	72
18	4900	4939	4977	5015	5052	5090	5126	71
19	5126	5163	5199	5235	5270	5306	5341	70
20	9,5341	9,5375	9,5409	9,5443	9,5477	9,5510	9,5543	69
21	5543	5576	5609	5641	5673	5704	5736	68
22	5736	5767	5798	5828	5859	5889	5919	67
23	5919	5948	5978	6007	6036	6065	6093	66
24	6093	6121	6149	6177	6205	6232	6259	65
25	9,6259	9,6286	9,6313	9,6340	9,6366	9,6392	9,6418	64
26	6418	6444	6470	6495	6521	6546	6570	63
27	6570	6595	6620	6644	6668	6692	6716	62
28	6716	6740	6763	6787	6810	6833	6856	61
29	6856	6878	6901	6923	6946	6968	6990	60
30	9,6990	9,7012	9,7033	9,7055	9,7076	9,7097	9,7118	59
31	7118	7139	7160	7181	7201	7222	7242	58
32	7242	7262	7282	7302	7322	7342	7361	57
33	7361	7380	7400	7419	7438	7457	7476	56
34	7476	7494	7513	7531	7550	7568	7586	55
35	9,7586	9,7604	9,7622	9,7640	9,7657	9,7675	9,7692	54
36	7692	7710	7727	7744	7761	7778	7795	53
37	7795	7811	7828	7844	7861	7877	7893	52
38	7893	7910	7926	7941	7957	7973	7989	51
39	7989	8004	8020	8035	8050	8066	8081	50
40	9,8081	9,8096	9,8111	9,8125	9,8140	9,8155	9,8169	49
41	8169	8184	8198	8213	8227	8241	8255	48
42	8255	8269	8283	8297	8311	8324	8338	47
43	8338	8351	8365	8378	8391	8405	8418	46
44	8418	8431	8444	8457	8469	8482	8495	45
	60′	50′	40′	30′	20′	10′	0′	Grad

Bei sämtlichen Logarithmen ist —10 zu ergänzen. **Log. Cos.**

Log. Sin. Bei sämtlichen Logarithmen ist —10 zu ergänzen.

Grad	0′	10′	20′	30′	40′	50′	60′	
45	9,8495	9,8507	9,8520	9,8532	9,8545	9,8557	9,8569	44
46	8569	8582	8594	8606	8618	8629	8641	43
47	8641	8653	8665	8676	8688	8699	8711	42
48	8711	8722	8733	8745	8756	8767	8778	41
49	8778	8789	8800	8810	8821	8832	8843	40
50	9,8843	9,8853	9,8864	9,8874	9,8884	9,8895	9,8905	39
51	8905	8915	8925	8935	8945	8955	8965	38
52	8965	8975	8985	8995	9004	9014	9023	37
53	9023	9033	9042	9052	9061	9070	9080	36
54	9080	9089	9098	9107	9116	9125	9134	35
55	9,9134	9,9142	9,9151	9,9160	9,9169	9,9177	9,9186	34
56	9186	9194	9203	9211	9219	9228	9236	33
57	9236	9244	9252	9260	9268	9276	9284	32
58	9284	9292	9300	9308	9315	9323	9331	31
59	9331	9338	9346	9353	9361	9368	9375	30
60	9,9375	9,9383	9,9390	9,9397	9,9404	9,9411	9,9418	29
61	9418	9425	9432	9439	9446	9453	9459	28
62	9459	9466	9473	9479	9486	9492	9499	27
63	9499	9505	9512	9518	9524	9530	9537	26
64	9537	9543	9549	9555	9561	9567	9573	25
65	9,9573	9,9579	9,9584	9,9590	9,9596	9,9602	9,9607	24
66	9607	9613	9618	9624	9629	9635	9640	23
67	9640	9646	9651	9656	9661	9667	9672	22
68	9672	9677	9682	9687	9692	9697	9702	21
69	9702	9706	9711	9716	9721	9725	9730	20
70	9,9730	9,9734	9,9739	9,9743	9,9748	9,9752	9,9757	19
71	9757	9761	9765	9770	9774	9778	9782	18
72	9782	9786	9790	9794	9798	9802	9806	17
73	9806	9810	9814	9817	9821	9825	9828	16
74	9828	9832	9836	9839	9843	9846	9849	15
75	9,9849	9,9853	9,9856	9,9859	9,9863	9,9866	9,9869	14
76	9869	9872	9875	9878	9881	9884	9887	13
77	9887	9890	9893	9896	9899	9901	9904	12
78	9904	9907	9909	9912	9914	9917	9919	11
79	9919	9922	9924	9927	9929	9931	9934	10
80	9,9934	9,9936	9,9938	9,9940	9,9942	9,9944	9,9946	9
81	9946	9948	9950	9952	9954	9956	9958	8
82	9958	9959	9961	9963	9964	9966	9968	7
83	9968	9969	9971	9972	9973	9975	9976	6
84	9976	9977	9979	9980	9981	9982	9983	5
85	9,9983	9,9985	9,9986	9,9987	9,9988	9,9989	9,9989	4
86	9989	9990	9991	9992	9993	9993	9994	3
87	9994	9995	9995	9996	9996	9997	9997	2
88	9,9997	9,9998	9,9998	9,9999	9,9999	9,9999	9,9999	1
89	9,9999	10,0000	10,0000	10,0000	10,0000	10,0000	10,0000	0
	60′	50′	40′	30′	20′	10′	0′	Grad

Bei sämtlichen Logarithmen ist —10 zu ergänzen. **Log. Cos.**

Logarithmen der Tangenten und Kotangenten

Log. Tang. Bei sämtlichen Logarithmen ist —10 zu ergänzen.

Grad	0′	10′	20′	30′	40′	50′	60′	
0	— ∞	7,4637	7,7648	7,9409	8,0658	8,1627	8,2419	89
1	8,2419	8,3089	8,3669	8,4181	8,4638	8,5053	8,5431	88
2	5431	5779	6101	6401	6682	6945	7194	87
3	7194	7429	7652	7865	8067	8261	8446	86
4	8,8446	8,8624	8,8795	8,8960	8,9118	8,9272	8,9420	85
5	8,9420	8,9563	8,9701	8,9836	8,9966	9,0093	9,0216	84
6	9,0216	9,0336	9,0453	9,0567	9,0678	0786	0891	83
7	0891	0995	1096	1194	1291	1385	1478	82
8	1478	1569	1658	1745	1831	1915	1997	81
9	1997	2078	2158	2236	2313	2389	2463	80
10	9,2463	9,2536	9,2609	9,2680	9,2750	9,2819	9,2887	79
11	2887	2953	3020	3085	3149	3212	3275	78
12	3275	3336	3397	3458	3517	3576	3634	77
13	3634	3691	3748	3804	3859	3914	3968	76
14	3968	4021	4074	4127	4178	4230	4281	75
15	9,4281	9,4331	9,4381	9,4430	9,4479	9,4527	9,4575	74
16	4575	4622	4669	4716	4762	4808	4853	73
17	4853	4898	4943	4987	5031	5075	5118	72
18	5118	5161	5203	5245	5287	5329	5370	71
19	5370	5411	5451	5491	5531	5571	5611	70
20	9,5611	9,5650	9,5689	9,5727	9,5766	9,5804	9,5842	69
21	5842	5879	5917	5954	5991	6028	6064	68
22	6064	6100	6136	6172	6208	6243	6279	67
23	6279	6314	6348	6383	6417	6452	6486	66
24	6486	6520	6553	6587	6620	6654	6687	65
25	9,6687	9,6720	9,6752	9,6785	9,6817	9,6850	9,6882	64
26	6882	6914	6946	6977	7009	7040	7072	63
27	7072	7103	7134	7165	7196	7226	7257	62
28	7257	7287	7317	7348	7378	7408	7438	61
29	7438	7467	7497	7526	7556	7585	7614	60
30	9,7614	9,7644	9,7673	9,7701	9,7730	9,7759	9,7788	59
31	7788	7816	7845	7873	7902	7930	7958	58
32	7958	7986	8014	8042	8070	8097	8125	57
33	8125	8153	8180	8208	8235	8263	8290	56
34	8290	8317	8344	8371	8398	8425	8452	55
35	9,8452	9,8479	9,8506	9,8533	9,8559	9,8586	9,8613	54
36	8613	8639	8666	8692	8718	8745	8771	53
37	8771	8797	8824	8850	8876	8902	8928	52
38	8928	8954	8980	9006	9032	9058	9084	51
39	9084	9110	9135	9161	9187	9212	9238	50
40	9,9238	9,9264	9,9289	9,9315	9,9341	9,9366	9,9392	49
41	9392	9417	9443	9468	9494	9519	9544	48
42	9544	9570	9595	9621	9646	9671	9697	47
43	9697	9722	9747	9772	9798	9823	9,9848	46
44	9,9848	9,9874	9,9899	9,9924	9,9949	9,9975	10,0000	45
	60′	50′	40′	30′	20′	10′	0′	Grad

Bei sämtlichen Logarithmen ist —10 zu ergänzen. **Log. Cotang.**

der Winkel von 0° bis 90°.

Log. Tang. Bei sämtlichen Logarithmen ist —10 zu ergänzen.

Grad	0′	10′	20′	30′	40′	50′	60′	
45	10,0000	10,0025	10,0051	10,0076	10,0101	10,0126	10,0152	44
46	0152	0177	0202	0228	0253	0278	0303	43
47	0303	0329	0354	0379	0405	0430	0456	42
48	0456	0481	0506	0532	0557	0583	0608	41
49	0608	0634	0659	0685	0711	0736	0762	40
50	10,0762	10,0788	10,0813	10,0839	10,0865	10,0890	10,0916	39
51	0916	0942	0968	0994	1020	1046	1072	38
52	1072	1098	1124	1150	1176	1203	1229	37
53	1229	1255	1282	1308	1334	1361	1387	36
54	1387	1414	1441	1467	1494	1521	1548	35
55	10,1548	10,1575	10,1602	10,1629	10,1656	10,1683	10,1710	34
56	1710	1737	1765	1792	1820	1847	1875	33
57	1875	1903	1930	1958	1986	2014	2042	32
58	2042	2070	2098	2127	2155	2184	2212	31
59	2212	2241	2270	2299	2327	2356	2386	30
60	10,2386	10,2415	10,2444	10,2474	10,2503	10,2533	10,2562	29
61	2562	2592	2622	2652	2683	2713	2743	28
62	2743	2774	2804	2835	2866	2897	2928	27
63	2928	2960	2991	3023	3054	3086	3118	26
64	3118	3150	3183	3215	3248	3280	3313	25
65	10,3313	10,3346	10,3380	10,3413	10,3447	10,3480	10,3514	24
66	3514	3548	3583	3617	3652	3686	3721	23
67	3721	3757	3792	3828	3864	3900	3936	22
68	3936	3972	4009	4046	4083	4121	4158	21
69	4158	4196	4234	4273	4311	4350	4389	20
70	10,4389	10,4429	10,4469	10,4509	10,4549	10,4589	10,4630	19
71	4630	4671	4713	4755	4797	4839	4882	18
72	4882	4925	4969	5013	5057	5102	5147	17
73	5147	5192	5238	5284	5331	5378	5425	16
74	5425	5473	5521	5570	5619	5669	5719	15
75	10,5719	10,5770	10,5822	10,5873	10,5926	10,5979	10,6032	14
76	6032	6086	6141	6196	6252	6309	6366	13
77	6366	6424	6483	6542	6603	6664	6725	12
78	6725	6788	6851	6915	6980	7047	7113	11
79	7113	7181	7250	7320	7391	7464	7537	10
80	10,7537	10,7611	10,7687	10,7764	10,7842	10,7922	10,8003	9
81	8003	8085	8169	8255	8342	8431	8522	8
82	8522	8615	8709	8806	8904	9005	9109	7
83	10,9109	10,9214	10,9322	10,9433	10,9547	10,9664	10,9784	6
84	10,9784	10,9907	11,0034	11,0164	11,0299	11,0437	11,0580	5
85	11,0580	11,0728	11,0882	11,1040	11,1205	11,1376	11,1554	4
86	1554	1739	1933	2135	2348	2571	2806	3
87	2806	3055	3318	3599	3899	4221	4569	2
88	11,4569	11,4947	11,5362	11,5819	11,6331	11,6911	11,7581	1
89	11,7581	11,8373	11,9342	12,0591	12,2352	12,5363	∞	0
	60′	50′	40′	30′	20′	10′	0′	

Bei sämtlichen Logarithmen ist —10 zu ergänzen. **Log. Cotang**

Logarithmen der Sinus der Winkel von 0° bis 7° und der Kosinus der Winkel von 83° bis 90°.

Log. Sin. Bei sämtlichen Logarithmen ist —10 zu ergänzen.

Gr. Min.	0′	2′	4′	6′	8′	10′	
0° 0′	— ∞	6,7648	7,0658	7,2419	7,3668	7,4637	89° 50′
10′	7,4637	7,5429	7,6099	7,6678	7,7190	7,7648	40′
20′	7,7648	7,8061	7,8439	7,8787	7,9109	7,9408	30′
30′	7,9408	7,9689	7,9952	8,0200	8,0435	8,0658	20′
40′	8,0658	8,0870	8,1072	8,1265	8,1450	8,1627	10′
0° 50′	8,1627	8,1797	8,1961	8,2119	8,2271	8,2419	89° 0′
1° 0′	8,2419	8,2561	8,2699	8,2832	8,2962	8,3088	88° 50′
10′	3088	3210	3329	3445	3558	3668	40′
20′	3668	3775	3880	3982	4082	4179	30′
30′	4179	4275	4368	4459	4549	4637	20′
40′	4637	4723	4807	4890	4971	5050	10′
1° 50′	5050	5129	5206	5281	5355	5428	88° 0′
2° 0′	8,5428	8,5500	8,5571	8,5640	5708	8,5776	87° 50′
10′	5776	5842	5907	5972	6035	6097	40′
20′	6097	6159	6220	6279	6339	6397	30′
30′	6397	6454	6511	6567	6622	6677	20′
40′	6677	6731	6784	6837	6889	6940	10′
2° 50′	6940	6991	7041	7090	7140	7188	87° 0′
3° 0′	8,7188	8,7236	8,7283	8,7330	8,7377	8,7423	86° 50′
10′	7423	7468	7513	7557	7602	7645	40′
20′	7645	7688	7731	7773	7815	7857	30′
30′	7857	7898	7939	7979	8019	8059	20′
40′	8059	8098	8137	8175	8213	8251	10′
3° 50′	8251	8289	8326	8363	8400	8436	86° 0′
4° 0′	8,8436	8,8472	8,8508	8,8543	8,8578	8,8613	85° 50′
10′	8613	8647	8682	8716	8749	8783	40′
20′	8783	8816	8849	8882	8914	8946	30′
30′	8946	8978	9010	9042	9073	9104	20′
40′	9104	9135	9166	9196	9226	9256	10′
4° 50′	9256	9286	9315	9345	9374	9403	85° 0′
5° 0′	8,9403	8,9432	8,9460	8,9489	8,9517	8,9545	84° 50′
10′	9545	9573	9601	9628	9655	9682	40′
20′	9682	9709	9736	9763	9789	9816	30′
30′	8,9816	8,9842	8,9868	8,9894	8,9919	8,9945	20′
40′	8,9945	8,9970	8,9996	9,0021	9,0046	9,0070	10′
5° 50′	9,0070	9,0095	9,0120	9,0144	9,0168	9,0192	84° 0′
6° 0′	9,0192	9,0216	9,0240	9,0264	9,0287	9,0311	83° 50′
10′	0311	0334	0357	0380	0403	0426	40′
20′	0426	0449	0472	0494	0516	0539	30′
30′	0539	0561	0583	0605	0626	0648	20′
40′	0648	0670	0691	0712	0734	0755	10′
6° 50′	0755	0776	0797	0818	0838	0859	83° 0′
	10′	8′	6′	4′	2′	0′	Gr. Min.

Bei sämtlichen Logarithmen ist —10 zu ergänzen. **Log. Cos.**

Feste Körper	Spez. Gewicht Mittel- und Grenzwerte	Mittl. lin. Ausd.-Koeff. zwischen 0° u. 100° 0,0000	Mittlere spez. Wärme zwischen 0° u. 100° cal/Grad.g	Schmelzpunkt °	Schmelzwärme cal/g	Siedepunkt °	El. Widerstand eines Drahtes von 1 m L. und 1 qmm Q. S. bei 18° in Ohm
Aluminium Al	2,7	238	0,22	659	92	1800	0,029
Blei Pb	11,3	292	0,031	327	5,7	1525	0,208
Eisen Fe	7,9	11		1530		~3000	
Stahl	7,6—7,9	117	0,115	1300—1400			weich 0,1—0,2
Roheisen	6,7—7,8	104		1130—1200	~30		gehärtet 0,4—0,5
Gold Au	19,3	142	0,031	1063	16	2200	0,022
Kupfer Cu	8,9	165	0,094	1083	42	2310	0,017
Messing (~2/3 Cu)	8,5—8,6	184	0,092	~900	15—24		0,06—0,08
Nickel Ni	8,8	131	0,11	1450	66	3075	0,118
Platin Pt	21,4	090	0,032	1764	27	3800	0,105
Silber Ag	10,5	197	0,056	961	24	2000	0,016
Zink Zn	7,1	290	0,094	419	27	906	0,061
Zinn Sn	7,3	267	0,056	232	14	2275	0,113

El.Widerstand (wie oben): Konstantan 0,49; Manganin 0,42; Neusilber 0,30; Nickelin 0,33—0,40

Spez. Gewicht von lufttrockenen Hölzern und Baustoffen: Buche 0,66—0,97; Eiche 0,69—1,03; Fichte, Tanne 0,35—0,75; Kiefer 0,31—0,76; Pappel 0,39—0,59; Kork 0,24; Basalt 2,7—3,2; Granit 2,5—3,1; Marmor 2,5—2,85; Sandstein 2,2—2,5.

Spez. Gewicht, lin. Ausdehnungskoeffizient u. spez. Wärme von Glas: Kronglas 2,4—2,7; 0,0000094; 0,161; Flintglas 3—4 (6); 0,000008; 0,117 (0,08).

Flüssigkeiten	Spez. Gewicht bei Zimmertemperatur (18°)	Kub.Ausd. Koeff. bei Zimmertemperatur	Mittlere spez. Wärme zwischen 0° u. 100° cal/Grad.g	Gefrierpunkt °	Siedepunkt °	Verdampfungswärme cal/g	Brechungsverhältnis der D-Linie des Natriums ($\lambda = 0{,}5893\ \mu$) bei 20° bezogen auf Luft	
Äther $C_4H_{10}O$	0,72	0,00163	0,54	—118	34,6	90	1,354	Kronglas
Alkohol C_2H_6O	0,79	0,00110	0,58	—114	78,3	208	1,3617	leicht 1,5153
Benzol C_6H_6	0,88	0,00124	0,44	5,5	80,5	94		schwer 1,6152
Quecksilber Hg	13,551	0,00018	0,033	—38,9	357	68		Flintglas
Schwefelsäure H_2SO_4	1,834	0,00055	0,33		326	122		leicht 1,6085
Wasser H_2O	0,999	0,00018	1	0	100	539	1,333	schwer 1,7515
								schwerstes 1,92

Schmelzwärme des Eises: 79,7 cal.
El.Widerstand von Hg(0°) 0,941.

Schwefelkohlenstoff 1,6275

Gase	Gewicht eines Liters bei 0° und 760 mm Druck g	Dichte bezogen auf Luft	Kub.Ausd.-Koeffizient	Spez. Wärme bei ~ 20° c_p cal/Grad.g	$\frac{c_p}{c_v}$	Gefrierpunkt °	Siedepunkt °	Krit. Temp. °	Krit. Druck Atm.
Helium He	0,1785	0,14	0,00366	1,251	1,66		—269	—268	2,3
Kohlendioxyd CO_2	1,9768	1,53	0,00373	0,202	1,30	— 79	— 78	31	7,3
Luft	1,2928	1	0,00367	0,241	1,40			—141	37
Sauerstoff O_2	1,4290	1,11	0,00367	0,218	1,40	—218	—183	—119	50
Stickstoff N_2	1,2506	0,97	0,00367	0,250	1,40	—210	—196	—147	33
Wasserstoff H_2	0,0899	0,07	0,00366	3,408	1,41	—259	—253	—240	13
Leuchtgas	~0,56	0,43							

Elektrochemische Äquivalente: Der Strom 1 Ampère scheidet aus oder zersetzt

	mg Silber	mg Kupfer	mg Äquivalente	mg Wasser	ccm Knallgas von 0° u. 760 mm
in 1 sek	1,118	0,3294	0,01036	0,0933	0,1740
in 1 min	67,08	19,76	0,6215	5,60	10,44
in 1 h	4025	1186	37,29	335,9	626

Mittl. Greenw. Mittag	Wahre Sonne Zeitgleichung	Wahre Sonne Abweichung	Wahre Sonne Diff. f. 1 Tag	Mittlere S. Gerade Aufsteigung	Mittl. Greenw. Mittag	Wahre Sonne Zeitgleichung	Wahre Sonne Abweichung	Wahre Sonne Diff. f. 1 Tag	Mittlere S. Gerade Aufsteigung
Jan.	m s	° ′	′	h m	Juli	m s	° ′	′	h m
0 (1)*	+ 3 5	—23 6,2	4,1	18 38,7	4	+ 4 8	+22 54,5	4,12	6 48,0
5 (6)	+ 5 24	—22 38,4	5,56	18 58,4	9	+ 4 58	+22 23,9	6,12	7 7,7
10 (11)	+ 7 33	—21 59,4	7, 8	19 18,1	14	+ 5 38	+21 43,6	8,06	7 27,5
15 (16)	+ 9 28	—21 9,8	9,92	19 37,8	19	+ 6 6	+20 54,0	9,92	7 47,2
20 (21)	+11 6	—20 9,9	11,98	19 57,5	24	+ 6 20	+19 55,6	11,68	8 6,9
25 (26)	+12 25	—19 0,7	13,84	20 17,2	29	+ 6 19	+18 49,0	13,32	8 26,6
30 (31)	+13 23	—17 42,8	15,58	20 36,9	Aug.			14,88	
Febr.			17,16		3	+ 6 4	+17 34,6		8 46,3
4 (5)	+14 2	—16 17,0	18,58	20 56,6	8	+ 5 34	+16 13,0	16,32	9 6,0
9 (10)	+14 21	—14 44,1	19,8	21 16,4	13	+ 4 49	+14 44,9	17,62	9 25,7
14 (15)	+14 20	—13 5,1	20,88	21 36,1	18	+ 3 50	+13 10,9	18,8	9 45,5
19 (20)	+14 0	—11 20,7	21,74	21 55,8	23	+ 2 38	+11 31,7	19,84	10 5,2
24 (25)	+13 23	— 9 32,0	22,46	22 15,5	28	+ 1 15	+ 9 48,0	20,74	10 24,9
März					Sept.			21,54	
1	+12 31	— 7 39,7	23,02	22 35,2	2	— 0 16	+ 8 0,3	22,18	10 44,6
6	+11 27	— 5 44,6	23,42	22 54,9	7	— 1 54	+ 6 9,4	22,7	11 4,3
11	+10 13	— 3 47,5	23,64	23 14,6	12	— 3 37	+ 4 15,9	23,04	11 24,0
16	+ 8 50	— 1 49,3	23,72	23 34,4	17	— 5 24	+ 2 20,7	23,3	11 43,7
21	+ 7 22	+ 0 9,3	23,62	23 54,1	22	— 7 10	+ 0 24,2	23,38	12 3,4
26	+ 5 50	+ 2 7,4	23,4	0 13,8	27	— 8 54	— 1 32,7	23,36	12 23,2
31	+ 4 19	+ 4 4,4	23,04	0 33,5	Okt.				
April					2	—10 32	— 3 29,5	23,16	12 42,9
5	+ 2 49	+ 5 59,6	22,52	0 53,2	7	—12 2	— 5 25,3	22,8	13 2,6
10	+ 1 25	+ 7 52,2	21,86	1 12,9	12	—13 23	— 7 19,3	22,3	13 22,3
15	+ 0 7	+ 9 41,5	21,06	1 32,6	17	—14 31	— 9 10,8	21,62	13 42,0
20	— 1 3	+11 26,8	20,1	1 52,3	22	—15 25	—10 58,9	20,84	14 1,7
25	— 2 2	+13 7,3	19,02	2 12,1	27	—16 2	—12 43,1	19,84	14 21,4
30	— 2 49	+14 42,4	17,84	2 31,8	Nov.				
Mai					1	—16 20	—14 22,3	18,68	14 41,2
5	— 3 23	+16 11,6	16,48	2 51,5	6	—16 18	—15 55,7	17,36	15 0,9
10	— 3 42	+17 34,0	15,02	3 11,2	11	—15 55	—17 22,5	15,86	15 20,6
15	— 3 48	+18 49,1	13,42	3 30,9	16	—15 12	—18 41,8	14,2	15 40,3
20	— 3 39	+19 56,2	11,72	3 50,6	21	—14 8	—19 52,8	12,38	16 0,0
25	— 3 17	+20 54,8	9,94	4 10,3	26	—12 43	—20 54,7	10,46	16 19,7
30	— 2 43	+21 44,5	8,06	4 30,0	Dez.				
Juni					1	—10 59	—21 47,0	8,36	16 39,4
4	— 1 57	+22 24,8	6,08	4 49,8	6	— 8 59	—22 28,8	6,16	16 59,1
9	— 1 2	+22 55,2	4,08	5 9,5	11	— 6 47	—22 59,6	3,88	17 18,9
14	— 0 1	+23 15,6	2,04	5 29,2	16	— 4 25	—23 19,0	1,56	17 38,6
19	+ 1 3	+23 25,8[1])	0,52	5 48,9	21	— 1 58	—23 26,8[1])	0,86	17 58,3
24	+ 2 8	+23 25,6	2,1	6 8,6	26	+ 0 32	—23 22,9	3,14	18 3,0
29	+ 3 10	+23 15,1		6 28,3	31	+ 2 59	—23 7,2		18 37,7

* Die eingeklammerten Zahlen gelten für Schaltjahre.

[1]) Die größte Abweichung der Sonne beträgt ± 23° 27′,0.

Änderung (in Tagen) für die Jahre				Halbmesser der Sonne in Minuten				Strahlenbrechung Scheinb. Höhe	Ablenkung	Scheinb. Höhe	Ablenkung
1930	—0,242	1936	+0,305	Jan. 1	16,3	Juli 1	15,8	0°	35′,4	6°	8′,5
1931	—0,484	1937	+0,062	Febr. 1	16,3	Aug. 1	15,8	1°	24′,6	8°	6′,6
1932	+0,273	1938	—0,180	März 1	16,2	Sept. 1	15,9	2°	18′,3	10°	5′,3
1933	+0,031	1939	—0,422	Apr. 1	16,0	Okt. 1	16,0	3°	14′,4	15°	3′,6
1934	—0,211	1940	+0,336	Mai 1	15,9	Nov. 1	16,1	4°	11′,8	20°	2′,7
1935	—0,453	1941	+0,094	Juni 1	15,8	Dez. 1	16,2	5°	9′,9	40°	1′,1

Mittlere Örter von Fixsternen für 1930, Januar 1.

	Gerade Aufsteigung h m	Jährl. Änd. m	Abweichung ° ′	Jährl. Änd. ′
Aldebaran	4 31,9	+0,06	N 16 22,2	N 0,12
Arcturus	14 12,5	+0,05	N 19 32,8	S 0,31
Ataïr	19 47,4	+0,05	N 8 40,9	N 0,16
Beteigeuze	5 51,4	+0,05	N 7 23,7	N 0,01
Capella	5 11,5	+0,07	N 45 55,7	N 0,06
Deneb	20 39,0	+0,03	N 45 1,8	N 0,21
Polarstern	1 36,9	+0,54	N 88 55,7	N 0,30
Pollux	7 41,0	+0,06	N 28 11,8	S 0,14
Regulus	10 4,6	+0,05	N 12 18,6	S 0,29
Rigel	5 11,2	+0,05	S 8 16,9	N 0,07
Sirius	6 42,1	+0,04	S 16 37,1	S 0,08
Spica	13 21,5	+0,05	S 10 47,8	S 0,31
Wega	18 34,6	+0,03	N 38 43,1	N 0,05

Erdkonstanten.

Großer Halbm. 6378,0 km; kleiner 6356,8 km. Siderisches Jahr = 365,2564 T = 365 T 6 h 9,2 m. Tropisches Jahr = 365,2422 T = 365 T 5 h 48,8 m. Sterntag = mittlerer Tag — 3 m 55,9 sec. 1 geogr. Meile = 7420,4 m; 1 Seemeile = 1852 m.

Mittlere Geschwindigkeiten in m/sec.

Fußgänger	1,2—1,5	Mäßiger Wind	7—8
Radfahrer	4—5	Starker „	12
Kraftpost	7—8	Sturm	19—25
Flugzeug	40	Äquatorpunkt	464
Pers.-Zug	12—15	Gewehrgeschoß	860
Eilzug	16—17	Erde um Sonne	~30 . 10³
D-Zug	17—20	Schall s. S. IV	
Ozeandampfer	8—12	Licht u. El.	~300 . 10⁶

Geographische Koordinaten einiger Orte
(und zwar meist von Sternwarten oder Zeitsignalstationen von Hafenorten).

	Nördl. Breite ° ′	Östl. L. v. Greenw. ° ′		Nördl. Breite ° ′	Östl. L. v. Greenw. ° ′		Nördl. Breite ° ′	Östl. L. v. Greenw. ° ′
Aachen	50 47	6 5	Kopenhag.	55 41	12 35	Aden	12 47	44 59
Berlin Ur.St.	52 31,5	13 22	Leipzig	51 20	12 23,5	Bombay	18 57	72 51
Bremen	53 5	8 49	Madrid	40 24,5	— 3 41	Bremerhav.	53 33	8 34
Breslau	51 7	17 2	Magdeburg	52 8	11 38	Brest	48 23	— 4 30
Brocken	51 48	10 37	Melbourne	—37 50	144 58,5	Buen. Aires	—34 36	— 58 22
Brüssel	50 51	4 22	München	48 9	11 36,5	Hamburg	53 33	9 59
Calcutta	22 33	88 21	Münster	51 58	7 38	Kapstadt	—33 54	18 25
Danzig	54 21	18 40	New York	40 45	—73 58	Lissabon	38 42	— 9 8
Frankf.M.	50 7	8 39	Paris	48 50	2 20	Rio de Jan.	—22 54	— 43 10
Greenwich	51 29	0 0	Rom	41 54	12 29,5	San Franc.	37 47	—122 25
Hannover	52 23	9 43	Stettin	53 26	14 35	Shanghai	31 14	121 29
Karlsruhe	49 0,5	8 24	Stockholm	59 20,5	18 3,5	Sydney	—33 52	151 12
Kassel	51 19	9 30	Stuttgart	48 47	9 10,5	Valparaiso	—33 2	— 71 38,5
Kiel	54 20,5	10 9	Upsala	59 51,5	17 37,5	Vancouver	49 18	—123 7
Köln	50 56	6 57	Wien	48 13	16 18	Yokohama	35 27	139 39
Königsbg.	54 43	20 30	Zürich	47 23	8 33	Dar-es-Sal.	— 6 49	39 18

Erklärung der nebenstehenden Tafel: Die Zahlenwerte gelten für das Jahr 1929 und den mittleren Greenwicher Mittag. Dagegen ist z. B. für den 11. 3. 31 die zurückliegende tägliche Differenz mit 0,484 zu multiplizieren (für 1932 die vorausliegende mit 0,273) und bei den Werten vom 11. 3. zu berücksichtigen. Für den 14. 3. 31 kommen die Werte vom 16. 3. in Betracht und als Faktor für die zurückliegende Differenz 2,484. Bei Schaltjahren sind die eingeklammerten Zahlen zu verwenden. Für den mittleren Mittag nach M. E. Z. kommt außerdem $-\frac{1}{24} = -0{,}042$ Tag in Anrechnung. Da die Tafelwerte abgerundet sind und nur von 5 zu 5 Tagen fortschreiten, ist eine Genauigkeit in den Einern der Zeitsekunden u. den Zehnteln der Winkelminuten nicht zu erwarten. Nach der Einschaltung ist daher entsprechend abzurunden. Wahre Zeit + Zeitgleichung = Mittlere Zeit. Am mittleren Mittag ist die gerade Aufsteigung (Rektaszension) der mittleren Sonne gleich dem Stundenwinkel des Widderpunktes von Süden über Westen gerechnet.

Atomgewichte,

(O = 16)

bzw. Verbindungsgewichte der als Gemische von Isotopen erkannten Elemente *.

Aluminium Al	26,97
Antimon Sb	121,76*
Argon Ar	39,94*
Arsen As	74,96
Barium Ba	137,36*
Blei Pb	207,21*
Bor B	10,82*
Brom Br	79,92*
Cadmium Cd	112,41*
Calcium Ca	40,07*
Chlor Cl	35,457*
Chrom Cr	52,01
Eisen Fe	55,84 *
Fluor F	19,00
Gold Au	197,2
Helium He	4,002
Jod J	126,93
Kalium K	39,104*
Kobalt Co	58,94
Kohlenstoff C	12,000
Kupfer Cu	63,57*
Lithium Li	6,940*
Magnesium Mg	24,32*
Mangan Mn	54,93
Molybdän Mo	96,00
Natrium Na	22,997
Nickel Ni	58,69*
Phosphor P	31,02
Platin Pt	195,23
Quecksilber Hg	200,61*
Sauerstoff O	16,000
Schwefel S	32,07*
Silber Ag	107,880*
Silicium Si	28,06*
Stickstoff N	14,008
Strontium Sr	87,63*
Wasserstoff H	1,0078*
Wismuth Bi	209,00
Zink Zn	65,38*
Zinn Sn	118,70*

Druck (a) des gesättigten Wasserdampfes bei t° in mm Hg und Masse (b) eines Kubikmeters in Gramm.

t	a	b	t	a	b	t	a	b
−15°	1,24	1,38	25°	23,8	23,0	65°	187,5	161,2
−10°	1,95	2,14	30°	31,8	30,3	70°	233,7	198,0
− 5°	3,01	3,24	35°	42,2	39,6	75°	289,1	241,8
0°	4,58	4,84	40°	55,3	51,2	80°	355,1	293,2
5°	6,5	6,8	45°	71,9	65,4	85°	433,6	353,6
10°	9,2	9,4	50°	92,5	83,0	90°	525,8	423,5
15°	12,8	12,8	55°	118,0	104,3	95°	633,9	504,8
20°	17,5	17,3	60°	149,4	130,1	100°	760,0	598,4

Barometrische Höhenmessung.

Der Höhenunterschied zweier Punkte mit den Barometerständen b_0 und b_1 ist $h = 18\,400\,(1 + 0{,}004\,t)\,(\log b_0 - \log b_1)$ m oder für $h < 1000$ m angenähert $h = 16\,000\,(1 + 0{,}004\,t)\,(b_0 - b_1) : (b_0 + b_1)$ m, worin t die mittlere Temperatur der Luftsäule bedeutet.

Schallgeschwindigkeiten in m/sec.

Luft 331,8 bei 0°	Wasser 1399 bei 3,9°	Kupfer 3553 b. ~17°	
„ 337,8 „ 10°	„ 1437 „ 13,7°	Glas 5196 bei ~17°	
„ 343,8 „ 20°	„ 1457 „ 25,2°	Tannenholz	4179
Leuchtgas 453 „ 14°	Eisen 5124 „ ~17°	Eichenholz	3381

Physikalische Grundeinheiten.

Kraft: 1 Dyn = 1/981 g*; technisch 1 kg = 981. 10³ Dyn.

Druck: 1 phys. Atmosphäre (Atm) = 760 mm Hg-Säule von 0° = 1,033 kg/qcm; 1 techn. A. (at) = 10m H_2O-Säule von 4° = 1 kg/qcm; 1 Atm = 1,033 at; 1 at = 0,968 Atm.

Arbeit: 1 Erg = 1 Dyn. 1 cm; 1 Joule = 10^7 Erg.; technisch 1 mkg = 9,81. 10^7 Erg.

Leistung: 1 Erg/sek; 1 Watt = 10^7 Erg/sek = 1 Joule/sek; 1 Kilowatt = 1000 Watt; techn. 1 Pferdestärke = 75 mkg/sek.

Wärme: 1 kg-Kalorie (Kcal) erwärmt 1 kg Wasser von 14½° auf 15½°.

Elektrizität: 1 Ampère scheidet in 1 sec 1,118 mg Silber aus (s. auch S. I). 1 Ohm = Widerstand einer Hg-Säule von 106,3 cm L. u. 1 qmm Q. S. bei 0°. 1 Volt erzeugt in dem Widerstand 1 Ohm den Strom 1 Ampère. 1 Volt-Ampère = 1 Watt.

Vergleich der Arbeitseinheiten.

	Joule	Kilowatt-stunde	Meterkilogr.	Pferdestärkenstunde	kg-Kalorie
1 Joule =	1	$2{,}78 \cdot 10^{-7}$	0,102	$3{,}78 \cdot 10^{-7}$	$2{,}39 \cdot 10^{-4}$
1 kWst =	3 600 000	1	367000	1,36	860
1 mkg =	9,81	$2{,}724 \cdot 10^{-6}$	1	$3{,}70 \cdot 10^{-6}$	$2{,}34 \cdot 10^{-3}$
1 PSst =	2 648 000	0,736	270 000	1	632
1 Kcal =	4187	$1{,}163 \cdot 10^{-3}$	427	$1{,}58 \cdot 10^{-3}$	1

Schwingungszahlen der Töne gleichschwebender Stimmung. $a_1 = 435$.

C_{-2}	16,17	c_1	258,7
C_{-1}	32,33	c_2	517,3
C	64,66	c_3	1035
c	129,3	c_3	2069

Intervall des halben Tons $\sqrt[12]{2} = 1{,}0595$

Vergleich der Leistungseinheiten.

	Erg/sek	Kilowatt	mkg/sek	Pferdestärke
1 Erg/sek =	1	$1 \cdot 10^{-10}$	$1{,}02 \cdot 10^{-8}$	$1{,}36 \cdot 10^{-10}$
1 KW =	$1000 \cdot 10^7$	1	102	1,36
1 mkg/sek =	$9{,}81 \cdot 10^7$	$0{,}981 \cdot 10^{-2}$	1	$1{,}33 \cdot 10^{-2}$
1 PS =	$735{,}6 \cdot 10^7$	0,736	75	1

Logarithmen der Tangenten der Winkel von 0° bis 7° und der Kotangenten der Winkel von 83° bis 90°.

Log. Tang. Bei sämtlichen Logarithmen ist —10 zu ergänzen.

Gr. Min.	0′	2′	4′	6′	8′	10′	
0° 0′	— ∞	6,7648	7,0658	7,2419	7,3668	7,4637	89° 50′
10′	7,4637	7,5429	7,6099	7,6678	7,7190	7,7648	40′
20′	7,7648	7,8062	7,8439	7,8787	7,9109	7,9409	30′
30′	7,9409	7,9689	7,9952	8,0200	8,0435	8,0658	20′
40′	8,0658	8,0870	8,1072	8,1265	8,1450	8,1627	10′
0° 50′	8,1627	8,1798	8,1962	8,2120	8,2272	8,2419	89° 0′
1° 0′	8,2419	8,2562	8,2700	8,2833	8,2963	8,3089	88° 50′
10′	3089	3211	3330	3446	3559	3669	40′
20′	3669	3776	3881	3983	4083	4181	30′
30′	4181	4276	4370	4461	4551	4638	20′
40′	4638	4725	4809	4892	4973	5053	10′
1° 50′	5053	5131	5208	5283	5358	5431	88° 0′
2° 0′	8,5431	8,5503	8,5573	8,5643	8,5711	8,5779	87° 50′
10′	5779	5845	5911	5975	6038	6101	40′
20′	6101	6163	6223	6283	6343	6401	30′
30′	6401	6459	6515	6571	6627	6682	20′
40′	6682	6736	6789	6842	6894	6945	10′
2° 50′	6945	6996	7046	7096	7145	7194	87° 0′
3° 0′	8,7194	8,7242	8,7290	8,7337	8,7383	8,7429	86° 50′
10′	7429	7475	7520	7565	7609	7652	40′
20′	7652	7696	7739	7781	7823	7865	30′
30′	7865	7906	7947	7988	8028	8067	20′
40′	8067	8107	8146	8185	8223	8261	10′
3° 50′	8261	8299	8336	8373	8410	8446	86° 0′
4° 0′	8,8446	8,8483	8,8518	8,8554	8,8589	8,8624	85° 50′
10′	8624	8659	8694	8728	8762	8795	40′
20′	8795	8829	8862	8895	8927	8960	30′
30′	8960	8992	9024	9056	9087	9118	20′
40′	9118	9150	9180	9211	9241	9272	10′
4° 50′	9272	9302	9331	9361	9390	9420	85° 0′
5° 0′	8,9420	8,9449	8,9477	8,9506	8,9534	8,9563	84° 50′
10′	9563	9591	9619	9646	9674	9701	40′
20′	9701	9729	9756	9782	9809	9836	30′
30′	8,9836	8,9862	8,9888	8,9915	8,9940	8,9966	20′
40′	8,9966	8,9992	9,0017	9,0043	9,0068	9,0093	10′
5° 50′	9,0093	9,0118	9,0143	9,0167	9,0192	9,0216	84° 0′
6° 0′	9,0216	9,0240	9,0265	9,0289	9,0312	9,0336	83° 50′
10′	0336	0360	0383	0407	0430	0453	40′
20′	0453	0476	0499	0521	0544	0567	30′
30′	0567	0589	0611	0633	0656	0678	20′
40′	0678	0699	0721	0743	0764	0786	10′
6° 50′	0786	0807	0828	0849	0871	0891	83° 0′
	10′	8′	6′	4′	2′	0	Gr. Min.

Bei sämtlichen Logarithmen ist —10 zu ergänzen. **Log. Cotang.**

Natürliche Sinus und Kosinus

Sinus

Grad	0′	10′	20′	30′	40′	50′	60′	
0	0,0000	0,0029	0,0058	0,0087	0,0116	0,0145	0,0175	89
1	0175	0204	0233	0262	0291	0320	0349	88
2	0349	0378	0407	0436	0465	0494	0523	87
3	0523	0552	0581	0610	0640	0669	0698	86
4	0698	0727	0756	0785	0814	0843	0872	85
5	0,0872	0,0901	0,0929	0,0958	0,0987	0,1016	0,1045	84
6	1045	1074	1103	1132	1161	1190	1219	83
7	1219	1248	1276	1305	1334	1363	1392	82
8	1392	1421	1449	1478	1507	1536	1564	81
9	1564	1593	1622	1650	1679	1708	1736	80
10	0,1736	0,1765	0,1794	0,1822	0,1851	0,1880	0,1908	79
11	1908	1937	1965	1994	2022	2051	2079	78
12	2079	2108	2136	2164	2193	2221	2250	77
13	2250	2278	2306	2334	2363	2391	2419	76
14	2419	2447	2476	2504	2532	2560	2588	75
15	0,2588	0,2616	0,2644	0,2672	0,2700	0,2728	0,2756	74
16	2756	2784	2812	2840	2868	2896	2924	73
17	2924	2952	2979	3007	3035	3062	3090	72
18	3090	3118	3145	3173	3201	3228	3256	71
19	3256	3283	3311	3338	3365	3393	3420	70
20	0,3420	0,3448	0,3475	0,3502	0,3529	0,3557	0,3584	69
21	3584	3611	3638	3665	3692	3719	3746	68
22	3746	3773	3800	3827	3854	3881	3907	67
23	3907	3934	3961	3987	4014	4041	4067	66
24	4067	4094	4120	4147	4173	4200	4226	65
25	0,4226	0,4253	0,4279	0,4305	0,4331	0,4358	0,4384	64
26	4384	4410	4436	4462	4488	4514	4540	63
27	4540	4566	4592	4617	4643	4669	4695	62
28	4695	4720	4746	4772	4797	4823	4848	61
29	4848	4874	4899	4924	4950	4975	5000	60
30	0,5000	0,5025	0,5050	0,5075	0,5100	0,5125	0,5150	59
31	5150	5175	5200	5225	5250	5275	5299	58
32	5299	5324	5348	5373	5398	5422	5446	57
33	5446	5471	5495	5519	5544	5568	5592	56
34	5592	5616	5640	5664	5688	5712	5736	55
35	0,5736	0,5760	0,5783	0,5807	0,5831	0,5854	0,5878	54
36	5878	5901	5925	5948	5972	5995	6018	53
37	6018	6041	6065	6088	6111	6134	6157	52
38	6157	6180	6202	6225	6248	6271	6293	51
39	6293	6316	6338	6361	6383	6406	6428	50
40	0,6428	0,6450	0,6472	0,6494	0,6517	0,6539	0,6561	49
41	6561	6583	6604	6626	6648	6670	6691	48
42	6691	6713	6734	6756	6777	6799	6820	47
43	6820	6841	6862	6884	6905	6926	6947	46
44	6947	6967	6988	7009	7030	7050	7071	45
	60′	50′	40′	30′	20′	10′	0′	Grad

Cosinus

der Winkel von 0° bis 90°.

Sinus

Grad	0′	10′	20′	30′	40′	50′	60′	
45	0,7071	0,7092	0,7112	0,7133	0,7153	0,7173	0,7193	44
46	7193	7214	7234	7254	7274	7294	7314	43
47	7314	7333	7353	7373	7392	7412	7431	42
48	7431	7451	7470	7490	7509	7528	7547	41
49	7547	7566	7585	7604	7623	7642	7660	40
50	0,7660	0,7679	0,7698	0,7716	0,7735	0,7753	0,7771	39
51	7771	7790	7808	7826	7844	7862	7880	38
52	7880	7898	7916	7934	7951	7969	7986	37
53	7986	8004	8021	8039	8056	8073	8090	36
54	8090	8107	8124	8141	8158	8175	8192	35
55	0,8192	0,8208	0,8225	0,8241	0,8258	0,8274	0,8290	34
56	8290	8307	8323	8339	8355	8371	8387	33
57	8387	8403	8418	8434	8450	8465	8480	32
58	8480	8496	8511	8526	8542	8557	8572	31
59	8572	8587	8601	8616	8631	8646	8660	30
60	0,8660	0,8675	0,8689	0,8704	0,8718	0,8732	0,8746	29
61	8746	8760	8774	8788	8802	8816	8829	28
62	8829	8843	8857	8870	8884	8897	8910	27
63	8910	8923	8936	8949	8962	8975	8988	26
64	8988	9001	9013	9026	9038	9051	9063	25
65	0,9063	0,9075	0,9088	0,9100	0,9112	0,9124	0,9135	24
66	9135	9147	9159	9171	9182	9194	9205	23
67	9205	9216	9228	9239	9250	9261	9272	22
68	9272	9283	9293	9304	9315	9325	9336	21
69	9336	9346	9356	9367	9377	9387	9397	20
70	0,9397	0,9407	0,9417	0,9426	0,9436	0,9446	0,9455	19
71	9455	9465	9474	9483	9492	9502	9511	18
72	9511	9520	9528	9537	9546	9555	9563	17
73	9563	9572	9580	9588	9596	9605	9613	16
74	9613	9621	9628	9636	9644	9652	9659	15
75	0,9659	0,9667	0,9674	0,9681	0,9689	0,9696	0,9703	14
76	9703	9710	9717	9724	9730	9737	9744	13
77	9744	9750	9757	9763	9769	9775	9781	12
78	9781	9787	9793	9799	9805	9811	9816	11
79	9816	9822	9827	9833	9838	9843	9848	10
80	0,9848	0,9853	0,9858	0,9863	0,9868	0,9872	0,9877	9
81	9877	9881	9886	9890	9894	9899	9903	8
82	9903	9907	9911	9914	9918	9922	9925	7
83	9925	9929	9932	9936	9939	9942	9945	6
84	9945	9948	9951	9954	9957	9959	9962	5
85	0,9962	0,9964	0,9967	0,9969	0,9971	0,9974	0,9976	4
86	9976	9978	9980	9981	9983	9985	9986	3
87	9986	9988	9989	9990	9992	9993	9994	2
88	0,9994	0,9995	0,9996	0,9997	0,9997	0,9998	0,9998	1
89	0,9998	0,9999	0,9999	1,0000	1,0000	1,0000	1,0000	0
	60′	50′	40′	30′	20′	10′	0′	Grad

Cosinus

Natürliche Tangenten und Kotangenten.

Tangens

Grad	0′	10′	20′	30′	40′	50′	60′	
0	0,0000	0,0029	0,0058	0,0087	0,0116	0,0145	0,0175	89
1	0175	0204	0233	0262	0291	0320	0349	88
2	0349	0378	0407	0437	0466	0495	0524	87
3	0524	0553	0582	0612	0641	0670	0699	86
4	0699	0729	0758	0787	0816	0846	0875	85
5	0,0875	0,0904	0,0934	0,0963	0,0992	0,1022	0,1051	84
6	1051	1080	1110	1139	1169	1198	1228	83
7	1228	1257	1287	1317	1346	1376	1405	82
8	1405	1435	1465	1495	1524	1554	1584	81
9	1584	1614	1644	1673	1703	1733	1763	80
10	0,1763	0,1793	0,1823	0,1853	0,1883	0,1914	0,1944	79
11	1944	1974	2004	2035	2065	2095	2126	78
12	2126	2156	2186	2217	2247	2278	2309	77
13	2309	2339	2370	2401	2432	2462	2493	76
14	2493	2524	2555	2586	2617	2648	2679	75
15	0,2679	0,2711	0,2742	0,2773	0,2805	0,2836	0,2867	74
16	2867	2899	2931	2962	2994	3026	3057	73
17	3057	3089	3121	3153	3185	3217	3249	72
18	3249	3281	3314	3346	3378	3411	3443	71
19	3443	3476	3508	3541	3574	3607	3640	70
20	0,3640	0,3673	0,3706	0,3739	0,3772	0,3805	0,3839	69
21	3839	3872	3906	3939	3973	4006	4040	68
22	4040	4074	4108	4142	4176	4210	4245	67
23	4245	4279	4314	4348	4383	4417	4452	66
24	4452	4487	4522	4557	4592	4628	4663	65
25	0,4663	0,4699	0,4734	0,4770	0,4806	0,4841	0,4877	64
26	4877	4913	4950	4986	5022	5059	5095	63
27	5095	5132	5169	5206	5243	5280	5317	62
28	5317	5354	5392	5430	5467	5505	5543	61
29	5543	5581	5619	5658	5696	5735	5774	60
30	0,5774	0,5812	0,5851	0,5890	0,5930	0,5969	0,6009	59
31	6009	6048	6088	6128	6168	6208	6249	58
32	6249	6289	6330	6371	6412	6453	6494	57
33	6494	6536	6577	6619	6661	6703	6745	56
34	6745	6787	6830	6873	6916	6959	7002	55
35	0,7002	0,7046	0,7089	0,7133	0,7177	0,7221	0,7265	54
36	7265	7310	7355	7400	7445	7490	7536	53
37	7536	7581	7627	7673	7720	7766	7813	52
38	7813	7860	7907	7954	8002	8050	8098	51
39	8098	8146	8195	8243	8292	8342	8391	50
40	0,8391	0,8441	0,8491	0,8541	0,8591	0,8642	0,8693	49
41	8693	8744	8796	8847	8899	8952	9004	48
42	9004	9057	9110	9163	9217	9271	9325	47
43	9325	9380	9435	9490	9545	9601	9657	46
44	9657	9713	9770	9827	9884	9942	1,0000	45
	60′	50′	40′	30′	20′	10′	0′	Grad

Cotangens

der Winkel von 0° bis 90°.

Tangens

Grad	0′	10′	20′	30′	40′	50′	60′	
45	1,0000	1,0058	1,0117	1,0176	1,0235	1,0295	1,0355	44
46	0355	0416	0477	0538	0599	0661	0724	43
47	0724	0786	0850	0913	0977	1041	1106	42
48	1106	1171	1237	1303	1369	1436	1504	41
49	1504	1571	1640	1708	1778	1847	1918	40
50	1,1918	1,1988	1,2059	1,2131	1,2203	1,2276	1,2349	39
51	2349	2423	2497	2572	2647	2723	2799	38
52	2799	2876	2954	3032	3111	3190	3270	37
53	3270	3351	3432	3514	3597	3680	3764	36
54	3764	3848	3934	4019	4106	4193	4281	35
55	1,4281	1,4370	1,4460	1,4550	1,4641	1,4733	1,4826	34
56	4826	4919	5013	5108	5204	5301	5399	33
57	5399	5497	5597	5697	5798	5900	6003	32
58	6003	6107	6212	6319	6426	6534	6643	31
59	6643	6753	6864	6977	7090	7205	7321	30
60	1,7321	1,7437	1,7556	1,7675	1,7796	1,7917	1,8040	29
61	1,8040	1,8165	1,8291	1,8418	1,8546	1,8676	1,8807	28
62	1,8807	1,8940	1,9074	1,9210	1,9347	1,9486	1,9626	27
63	1,9626	1,9768	1,9912	2,0057	2,0204	2,0353	2,0503	26
64	2,0503	2,0655	2,0809	2,0965	2,1123	2,1283	2,1445	25
65	2,1445	2,1609	2,1775	2,1943	2,2113	2,2286	2,2460	24
66	2,2460	2,2637	2,2817	2,2998	2,3183	2,3369	2,3559	23
67	2,3559	2,3750	2,3945	2,4142	2,4342	2,4545	2,4751	22
68	2,4751	2,4960	2,5172	2,5386	2,5605	2,5826	2,6051	21
69	2,6051	2,6279	2,6511	2,6746	2,6985	2,7228	2,7475	20
70	2,7475	2,7725	2,7980	2,8239	2,8502	2,8770	2,9042	19
71	2,9042	2,9319	2,9600	2,9887	3,0178	3,0475	3,0777	18
72	3,0777	3,1084	3,1397	3,1716	3,2041	3,2371	3,2709	17
73	3,2709	3,3052	3,3402	3,3759	3,4124	3,4495	3,4874	16
74	3,4874	3,5261	3,5656	3,6059	3,6470	3,6891	3,7321	15
75	3,7321	3,7760	3,8208	3,8667	3,9136	3,9617	4,0108	14
76	4,0108	4,0611	4,1126	4,1653	4,2193	4,2747	4,3315	13
77	4,3315	4,3897	4,4494	4,5107	4,5736	4,6382	4,7046	12
78	4,7046	4,7729	4,8430	4,9152	4,9894	5,0658	5,1446	11
79	5,1446	5,2257	5,3093	5,3955	5,4845	5,5764	5,6713	10
80	5,6713	5,7694	5,8708	5,9758	6,0844	6,1970	6,3138	9
81	6,3138	6,4348	6,5606	6,6912	6,8269	6,9682	7,1154	8
82	7,1154	7,2687	7,4287	7,5958	7,7704	7,9530	8,1443	7
83	8,1443	8,3450	8,5555	8,7769	9,0098	9,2553	9,5144	6
84	9,5144	9,7882	10,078	10,385	10,712	11,059	11,430	5
85	11,430	11,826	12,251	12,706	13,197	13,727	14,301	4
86	14,301	14,924	15,605	16,350	17,169	18,075	19,081	3
87	19,081	20,206	21,470	22,904	24,542	26,432	28,636	2
88	28,636	31,242	34,368	38,188	42,964	49,104	57,290	1
89	57,290	68,750	85,940	114,59	171,89	343,77	∞	0
	60′	50′	40′	30′	20′	10′	0′	Grad

Cotangens

Tafel zur Renten- und Lebensversicherung.

x	l_x	$v_x = \frac{l_x}{q^x}$	Σv_x	t_x	$m_x = \frac{t_x}{q^{x+1}}$	Σm_x
20	65 049	32 691,4	691 837	375	182,089	9295,95
1	64 674	31 403,8	659 146	382	179,216	9113,86
2	64 292	30 162,7	627 742	380	172,249	8934,64
3	63 912	28 970,4	597 579	373	163,358	8762,39
4	63 539	27 827,3	568 609	371	156,988	8599,04
25	63 168	26 729,3	540 782	372	152,088	8442,05
6	62 796	25 673,4	514 052	376	148,525	8289,96
7	62 420	24 656,6	488 379	377	143,884	8141,43
8	62 043	23 679,0	463 722	380	140,124	7997,55
9	61 663	22 738,1	440 043	389	138,592	7857,43
30	61 274	21 830,6	417 305	401	138,036	7718,83
1	60 873	20 954,3	395 475	414	137,692	7580,80
2	60 459	20 108,1	374 520	429	137,856	7443,11
3	60 030	19 290,2	354 412	449	139,404	7305,25
4	59 581	18 498,5	335 122	470	140,989	7165,85
35	59 111	17 731,9	316 624	493	142,888	7024,86
6	58 618	16 989,4	298 892	519	145,337	6881,97
7	58 099	16 269,6	281 902	542	146,645	6736,63
8	57 557	15 572,7	265 633	565	147,698	6589,99
9	56 992	14 898,4	250 060	590	149,018	6442,29
40	56 402	14 245,6	235 162	617	150,567	6293,27
1	55 785	13 613,3	220 916	643	151,606	6142,70
2	55 142	13 001,3	207 303	672	153,086	5991,10
3	54 470	12 408,6	194 301	702	154,512	5838,01
4	53 768	11 834,4	181 893	731	155,454	5683,50
45	53 037	11 278,8	170 058	755	155,128	5528,05
6	52 282	10 742,3	158 780	775	153,853	5372,92
7	51 507	10 225,2	148 037	799	153,254	5219,06
8	50 708	9 726,15	137 812	833	154,372	5065,81
9	49 875	9 242,84	128 086	873	156,313	4911,44
50	49 002	8 773,96	118 843	910	157,428	4755,13
1	48 092	8 319,99	110 069	942	157,453	4597,70
2	47 150	7 881,03	101 749	971	156,813	4440,25
3	46 179	7 457,72	93 867,7	1003	156,502	4283,43
4	45 176	7 048,99	86 410,0	1043	157,241	4126,93
55	44 133	6 653,40	79 361,0	1086	158,187	3969,69
6	43 047	6 270,23	72 707,6	1125	158,326	3811,50
7	41 922	5 899,85	66 437,4	1162	158,003	3653,18
8	40 760	5 542,34	60 537,5	1202	157,915	3495,17
9	39 558	5 197,01	54 995,2	1250	158,667	3337,26

Obige Tafel ist nach neueren statistischen Ergebnissen von Professor Nitsche, Charlottenburg, berechnet worden und stellt eine „Allgemeine deutsche Sterbetafel für ärztlich nicht untersuchte männliche Leben" dar.

Es bedeutet darin:

x das Lebensalter der Personen in Jahren,

l_x die Zahl der Überlebenden von 100 000 Neugeborenen,

v_x die (zu $3\frac{1}{2}\%$) „diskontierte Zahl der Lebenden", d. h. den baren Wert

Tafel zur Renten- und Lebensversicherung.

x	l_x	$v_x = \frac{l_x}{q^x}$	Σv_x	t_x	$m_x = \frac{t_x}{q^{x+1}}$	Σm_x
60	38 308	4862,59	49 798,2	1300	159,435	3178,59
1	37 008	4538,74	44 935,6	1351	160,085	3019,16
2	35 657	4225,14	40 396,9	1402	160,511	2859,07
3	34 255	3921,75	36 171,7	1456	161,057	2698,56
4	32 799	3628,09	32 250,0	1505	160,847	2537,50
65	31 294	3344,55	28 621,9	1551	160,158	2376,66
6	29 743	3071,29	25 277,4	1588	158,433	2216,50
7	28 155	2809,00	22 206,1	1624	156,546	2058,06
8	26 531	2557,46	19 397,1	1654	154,046	1901,52
9	24 877	2316,93	16 839,6	1682	151,356	1747,47
70	23 195	2087,22	14 522,7	1701	147,890	1596,12
1	21 494	1868,75	12 435,4	1710	143,645	1448,23
2	19 784	1661,91	10 566,7	1704	138,300	1304,58
3	18 080	1467,41	8 904,79	1689	132,447	1166,28
4	16 391	1285,34	7 437,38	1661	125,847	1033,84
75	14 730	1116,03	6 152,04	1621	118,663	907,988
6	13 109	959,627	5 036,01	1566	110,760	789,325
7	11 543	816,414	4 076,39	1494	102,094	678,565
8	10 049	686,711	3 259,97	1409	93,0298	576,471
9	8 640	570,459	2 573,26	1310	83,5683	483,441
80	7 330	467,600	2 002,80	1201	74,0241	399,873
1	6 129	377,763	1 535,20	1085	64,6131	325,849
2	5 044	300,376	1 157,44	969	55,7537	261,236
3	4 075	234,465	857,062	850	47,2529	205,482
4	3 225	179,283	622,597	728	39,1022	158,229
85	2 497	134,118	443,314	604	31,3449	119,127
6	1 893	98,2382	309,196	488	24,4686	87,7821
7	1 405	70,4475	210,958	387	18,7482	63,3135
8	1 018	49,3169	140,511	300	14,0420	44,5653
9	718	33,6073	91,1939	226	10,2206	30,5233
90	492	22,2502	57,5866	165	7,20959	20,3027
1	327	14,2881	35,3364	116	4,89716	13,0931
2	211	8,90777	21,0483	79	3,22235	8,19598
3	132	5,38419	12,1405	53	2,08872	4,97363
4	79	3,11338	6,75635	33	1,25655	2,88491
95	46	1,75155	3,64297	20	0,735794	1,62836
6	26	0,956532	1,89142	12	0,426547	0,892570
7	14	0,497638	0,934891	7	0,240405	0,466023
8	7	0,240405	0,437253	3	0,099546	0,225618
9	4	0,132728	0,196848	2	0,064120	0,126072
100	2	0,064120	0,064120	2	0,061952	0,061952

von l_x Mark vor x Jahren, also bei der Geburt der betreffenden Personen,

Σv_x die Summe aller v_x von der jeweiligen Zeile bis zum Schluß der Tafel auf S. 15,

t_x die Zahl der im Alter von x Jahren Gestorbenen ($t_x = l_x - l_{x+1}$),

m_x die (zu $3^1/_2{}^0/_0$) „diskontierte Zahl der Sterbefälle",

Σm_x die Summe aller m_x von der jeweiligen Zeile bis zum Schluß der Tafel auf S. 15.

Bogenmaß der Winkel (Länge der Kreisbogen für $r = 1$).

0		0		0		0	
1	0,01745	46	0,80285	91	1,58825	136	2,37365
2	0,03491	47	0,82030	92	1,60570	137	2,39110
3	0,05236	48	0,83776	93	1,62316	138	2,40855
4	0,06981	49	0,85521	94	1,64061	139	2,42601
5	0,08727	50	0,87266	95	1,65806	140	2,44346
6	0,10472	51	0,89012	96	1,67552	141	2,46091
7	0,12217	52	0,90757	97	1,69297	142	2,47837
8	0,13963	53	0,92502	98	1,71042	143	2,49582
9	0,15708	54	0,94248	99	1,72788	144	2,51327
10	0,17453	55	0,95993	100	1,74533	145	2,53073
11	0,19199	56	0,97738	101	1,76278	146	2,54818
12	0,20944	57	0,99484	102	1,78024	147	2,56563
13	0,22689	58	1,01229	103	1,79769	148	2,58309
14	0,24435	59	1,02974	104	1,81514	149	2,60054
15	0,26180	60	1,04720	105	1,83260	150	2,61799
16	0,27925	61	1,06465	106	1,85005	151	2,63545
17	0,29671	62	1,08210	107	1,86750	152	2,65290
18	0,31416	63	1,09956	108	1,88496	153	2,67035
19	0,33161	64	1,11701	109	1,90241	154	2,68781
20	0,34907	65	1,13446	110	1,91986	155	2,70526
21	0,36652	66	1,15192	111	1,93732	156	2,72271
22	0,38397	67	1,16937	112	1,95477	157	2,74017
23	0,40143	68	1,18682	113	1,97222	158	2,75762
24	0,41888	69	1,20428	114	1,98968	159	2,77507
25	0,43633	70	1,22173	115	2,00713	160	2,79253
26	0,45379	71	1,23918	116	2,02458	161	2,80998
27	0,47124	72	1,25664	117	2,04204	162	2,82743
28	0,48869	73	1,27409	118	2,05949	163	2,84489
29	0,50615	74	1,29154	119	2,07694	164	2,86234
30	0,52360	75	1,30900	120	2,09440	165	2,87979
31	0,54105	76	1,32645	121	2,11185	166	2,89725
32	0,55851	77	1,34390	122	2,12930	167	2,91470
33	0,57596	78	1,36136	123	2,14675	168	2,93215
34	0,59341	79	1,37881	124	2,16421	169	2,94961
35	0,61087	80	1,39626	125	2,18166	170	2,96706
36	0,62832	81	1,41372	126	2,19911	171	2,98451
37	0,64577	82	1,43117	127	2,21657	172	3,00197
38	0,66323	83	1,44862	128	2,23402	173	3,01942
39	0,68068	84	1,46608	129	2,25147	174	3,03687
40	0,69813	85	1,48353	130	2,26893	175	3,05433
41	0,71558	86	1,50098	131	2,28638	176	3,07178
42	0,73304	87	1,51844	132	2,30383	177	3,08923
43	0,75049	88	1,53589	133	2,32129	178	3,10669
44	0,76794	89	1,55334	134	2,33874	179	3,12414
45	0,78540	90	1,57080	135	2,35619	180	3,14159

1′	0,00029	8′	0,00233	1″	0,000005	8″	0,000039
2′	0,00058	9′	0,00262	2″	0,000010	9″	0,000044
3′	0,00087	10′	0,00291	3″	0,000015	10″	0,000048
4′	0,00116	20′	0,00582	4″	0,000019	20″	0,000097
5′	0,00145	30′	0,00873	5″	0,000024	30″	0,000145
6′	0,00175	40′	0,01164	6″	0,000029	40″	0,000194
7′	0,00204	50′	0,01454	7″	0,000034	50″	0,000242

Natürliche Logarithmen

x	lx	x	lx	x	lx
1	0,0000	34	3,5264	67	4,2047
2	0,6931	35	3,5553	68	4,2195
3	1,0986	36	3,5835	69	4,2341
4	1,3863	37	3,6109	70	4,2485
5	1,6094	38	3,6376	71	4,2627
6	1,7918	39	3,6636	72	4,2767
7	1,9459	40	3,6889	73	4,2905
8	2,0794	41	3,7136	74	4,3041
9	2,1972	42	3,7377	75	4,3175
10	2,3026	43	3,7612	76	4,3307
11	2,3979	44	3,7842	77	4,3438
12	2,4849	45	3,8067	78	4,3567
13	2,5649	46	3,8286	79	4,3694
14	2,6391	47	3,8501	80	4,3820
15	2,7081	48	3,8712	81	4,3944
16	2,7726	49	3,8918	82	4,4067
17	2,8332	50	3,9120	83	4,4188
18	2,8904	51	3,9318	84	4,4308
19	2,9444	52	3,9512	85	4,4427
20	2,9957	53	3,9703	86	4,4543
21	3,0445	54	3,9890	87	4,4659
22	3,0910	55	4,0073	88	4,4773
23	3,1355	56	4,0254	89	4,4886
24	3,1781	57	4,0431	90	4,4998
25	3,2189	58	4,0604	91	4,5109
26	3,2581	59	4,0775	92	4,5218
27	3,2958	60	4,0943	93	4,5326
28	3,3322	61	4,1109	94	4,5433
29	3,3673	62	4,1271	95	4,5539
30	3,4012	63	4,1431	96	4,5643
31	3,4340	64	4,1589	97	4,5747
32	3,4657	65	4,1744	98	4,5850
33	3,4965	66	4,1897	99	4,5951
				100	4,6052

Exponentialfunktion

x	e^x	e^{-x}	x	e^x	e^{-x}
0,0	1,0000	1,0000	3,4	29,9641	0,0334
0,1	1,1052	0,9048	3,5	33,1155	0,0302
0,2	1,2214	0,8187	3,6	36,5982	0,0273
0,3	1,3499	0,7408	3,7	40,4473	0,0247
0,4	1,4918	0,6703	3,8	44,7012	0,0224
0,5	1,6487	0,6065	3,9	49,4024	0,0202
0,6	1,8221	0,5488	4,0	54,5982	0,0183
0,7	2,0138	0,4966	4,1	60,3403	0,0166
0,8	2,2255	0,4493	4,2	66,6863	0,0150
0,9	2,4596	0,4066	4,3	73,6998	0,0136
1,0	2,7183	0,3679	4,4	81,4509	0,0123
1,1	3,0042	0,3329	4,5	90,0171	0,0111
1,2	3,3201	0,3012	4,6	99,4843	0,0101
1,3	3,6693	0,2725	4,7	109,947	0,0091
1,4	4,0552	0,2466	4,8	121,510	0,0082
1,5	4,4817	0,2231	4,9	134,290	0,0074
1,6	4,9530	0,2019	5,0	148,413	0,0067
1,7	5,4739	0,1827	5,1	164,022	0,0061
1,8	6,0496	0,1653	5,2	181,272	0,0055
1,9	6,6859	0,1496	5,3	200,337	0,0050
2,0	7,3891	0,1353	5,4	221,406	0,0045
2,1	8,1662	0,1225	5,5	244,692	0,0041
2,2	9,0250	0,1108	5,6	270,426	0,0037
2,3	9,9742	0,1003	5,7	298,867	0,0033
2,4	11,0232	0,0907	5,8	330,300	0,0030
2,5	12,1825	0,0821	5,9	365,037	0,0027
2,6	13,4637	0,0743	6,0	403,429	0,0025
2,7	14,8797	0,0672	6,1	445,858	0,0022
2,8	16,4446	0,0608	6,2	492,749	0,0020
2,9	18,1741	0,0550	6,3	544,572	0,0018
3,0	20,0855	0,0498	6,4	601,845	0,0017
3,1	22,1980	0,0450	6,5	665,142	0,0015
3,2	24,5325	0,0408	6,6	735,095	0,0014
3,3	27,1126	0,0369	6,7	812,406	0,0012

Mittlerer Erdhalbmesser $r = 6370$ km; $\log r = 3,8041$

Seemeile $s = 1852$ m; $\log s = 3,2676$

Fallbeschleunigung $g = 9,81$ m; $\log g = 0,9917$

	x	$\log x$		x	$\log x$
π	3,1416	0,4971(5)	$\sqrt{\pi}$	1,7725	0,2486
π^2	9,8696	0,9943	$\sqrt[3]{\pi}$	1,4646	0,1657
$1:\pi$	0,3183	0,5028(5)—1	$1:\sqrt{\pi}$	0,5642	0,7514—1
$1:\pi^2$	0,1013	0,0057—1	$1:\sqrt[3]{\pi}$	0,6828	0,8343—1
M	0,4343	0,6378—1	1:M	2,3026	0,3622

Inhalt.

Kolibri 360 GmbH
Ferdinand-Jühlke-Straße 7
99095 Erfurt, Deutschland
produktsicherheit@kolibri360.de